向未来进发
人工智能科普故事

超能机器人 去学校

张 敏◎著　简 晰◎绘

U0258240

北京科学技术出版社
100 层童书馆

这是未来博士送给奇奇的小机器人。

圆圆的脑袋

圆圆的身体

怎么看都不像很聪明的样子。

但是奇奇知道，不能以貌取人，以貌取"机器人"也不行！他快速地按下了小机器人的电源开关。

哈！打开了！

嗨，小机器人你好！我叫奇奇！
你叫什么名字呀？

小机器人只是呆呆地站在那里，一动不动地睁着它的电子眼睛。

难道是声音太小了，机器人听不清？

奇奇深吸一口气，凑到机器人的脑袋旁边大声地问道：

嘿！ 你好啊！
你能听见我说话吗？

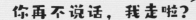

你再不说话，我走啦?

你会说话吗?

你好！你真的不说话吗？不说话我走啦！哦！小机器人你好呀！你好！你听得见吗？你会说话吗？你有耳朵吗？你在听吗？你是坏了吗？……嘟嘟嘟嘟？你懂礼貌吗？你知道怎么说话吗？你是哑巴吗？你星期几喂！

你有耳朵吗?

奇奇围着小机器人转了一圈又一圈，无论是跟它说话，还是触碰它，小机器人都没有任何反应。

奇奇把小机器人的上上下下都仔细检查了一遍。

除了那块亮着的屏幕和开关键，奇奇并没有发现可以互动的按钮。

你看得见我吗？

福尔摩斯说过，排除了其他不可能的因素，剩下的那个无论有多奇怪，也一定是最后的真相。既然哪里都没有看出问题，那就只剩下一种可能了……

难道是没电了？

　　检查过电量，发现小机器人的电量还是满的，奇奇气呼呼地抱起这个什么都做不了的机器人去找博士：

"哼，肯定是坏了！"

好不容易把最新的一批芯片都进行了升级改造，未来博士正准备在实验室的休息室里舒舒服服地吃一顿午餐。才刚刚拿起一个汉堡，博士就听到奇奇的声音在实验室的大门外响起来，听起来委屈极了。

"博士，博士，我这个机器人是坏的！您给我换一个吧！"

机器人是坏的！

　　"我跟它说话，它也不理我；我拍它，它一动也不动，什么反应都没有。而且电量也是满的。它肯定是坏的！"一见到博士，奇奇就急急忙忙地讲出了小机器人的问题。

　　哈哈，它不是坏了，它是还没有正式"**活**"过来呢！

看着奇奇撇着嘴垂头丧气的样子，博士耐心地解释道："小机器人想要'活'过来，只有芯片是不够的，还需要程序，也就是机器人的'心智'。"

博士一边说着，一边把机器人用数据线连接到电脑上，之后敲打出一行一行密密麻麻的代码。

这就是让小机器人"活"过来的密码吗？

看着博士电脑上的代码，奇奇默默地想。

突然，小机器人坐了起来，圆溜溜的眼睛骨碌碌地转着，像是在寻找什么，然后它转过头来看向奇奇，屏幕上出现了一个大大的笑脸。

"你看，小机器人已经启动啦！你去看看它要说什么吧。"博士笑着扬了扬下巴，示意奇奇再去试试看。

奇奇十分惊喜，又一次试探着问道："嗨，你好，小机器人！"

"你好，我叫汤米，很高兴认识你！"
小机器人的屏幕上出现了一句话。

"太好了！我有新朋友啦！"奇奇高兴地跳了起来。

学习进度条 ⋯⋯⋯⋯1%

这可太奇妙了！"机器人和计算机一直都长这副模样吗？"奇奇很好奇。

"很早以前可不是这样的……"博士讲起了计算机最初的模样。

博士小课堂

最早的计算机可是一个庞然大物，占地约 150 平方米，重 30 吨。

电路只有开和关两种状态，所以计算机也只能用 1 和 0 两个数字来表示这两种电路状态。呈现在一条纸带上，就是有些位置是穿孔的，有些位置是不穿孔的。

十进制　0　1　2　3　4　5

二进制　0　1　10　11　100　101

十进制　6　7　8　9

二进制　110　111　1000　1001

理论上，只要纸带足够长，那它就能承载足够多的信息，供计算机储存和处理。现在的芯片也是同样的原理。但与纸带相比，芯片更小、承载的信息量更大。

"哇，太神奇了！汤米，你比你的老祖先可先进多啦！"奇奇一边摸着汤米的金属脑袋，一边感叹。

"那它会唱歌吗？"奇奇突然想到。

博士挠了挠头："它不会。"

"那会不会跳舞？"奇奇不甘心地问。

"也不会。"

"会不会玩游戏？"奇奇不死心地继续问。

"不会。"

……

好吧，事情好像和预想的不太一样。

"博士，你编写的程序那么厉害，汤米怎么还是什么都不会呀？"奇奇有些失望。

"因为汤米也需要学习。只有通过不同程序教给汤米更多本领，汤米才会做更多事情。我们没有教给它的东西，它就都不会。"

也不会。

跳舞？

15

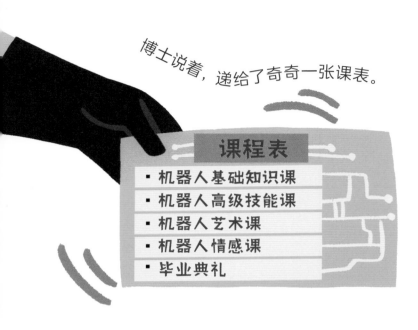

博士说着，递给了奇奇一张课表。

课程表

· 机器人基础知识课
· 机器人高级技能课
· 机器人艺术课
· 机器人情感课
· 毕业典礼

奇奇惊呆了……原来汤米还需要先上课啊！除了惊讶，奇奇还有点儿发愁。他原本以为汤米立刻就可以帮他干很多事情，却没想到汤米和他一样，也要学习。

那汤米得学到什么时候，才能做我的小助手呀？

每秒 12.54 亿亿次运算！！

"计算机的计算能力是很强的。咱们的'神威'计算机能做到每秒进行 12.54 亿亿次运算！虽然汤米还比不上'神威'，但学习起来也是很快的！"

博士一脸骄傲地介绍道，仿佛算得那么快的不是计算机，而是他自己一样。

奇奇忍不住心想，如果我也可以算得这么快，那一定会比博士还要厉害。

"那我们明天就开始学习吧！"

奇奇对汤米明天的学习充满了期待。

今天，是汤米正式"开学"的第一天，奇奇紧紧牵住汤米的手，像妈妈送自己上学一样，把汤米送到了博士的实验室。

唉，这也是没有办法的事情，因为汤米什么都不认识。一路上，汤米差点儿闯了红灯，还撞上了路旁的电线杆。如果不拉住它，它就朝着一个方向一直走，好像要走到没电才会停下来。

> 博士，你快教教汤米。它什么都不认识，只会呆呆傻傻地往前冲。

刚进实验室，奇奇就忍不住向博士求救。

"哈哈哈，刚好汤米的第一课就是基础知识课，我先来教汤米怎么**识别图像**吧。上完今天的课以后，汤米就可以学会识别物体！"

博士打开了电脑。电脑开始向汤米传输各种图片，每张图片上都附带一个标签，上面介绍图片的主体内容。每张图片都不一样：

有不同年龄、不同肤色的人，有的戴口罩，也有的戴眼镜……

有飞机、汽车、冰激凌……

有猫、有狗、有大海、有蓝天……

　　似乎这个世界上所有的东西都在博士的电脑里了。

　　只看了一会儿，奇奇就已经无聊到犯困了。

　　等奇奇醒来之后，天都黑了，汤米还在不厌其烦地接收着电脑传来的一张张图片。

　　奇奇今天算是真切感受到了机器人超凡的学习能力。机器人永远都不会觉得累，只会没电。

"汤米看到的各种图片越多，它能学习到的就越多，这就是我们所说的'见多识广'。而且它还有'举一反三'的能力，就算是没见过的图片，也能识别出来呢。"博士说。

学习进度条 ⋯⋯⋯⋯⋯5%

人工智能的进化分为三个阶段，分别是计算、感知和认知能力的建立。**计算**是指让机器人拥有精确、快速处理信息的能力；**感知**是指让机器人也能像人类一样拥有视觉、触觉、嗅觉、听觉，能够感知物体；**认知**是指让机器人拥有思维。

对于还没有学习物体识别的机器人来说，一个苹果、一个红色气球，或是一个番茄，对它来说并没有太大的区别，都是红色的圆形物品。

当机器人看到一个不认识的物体，就会将其与之前储存的、已经知道名称的图片进行对比并学习，匹配度最高的那张图片所对应的名称就是识别的结果。

储存的图片越多，机器人对于物体特点的认知就会越充分，识别的准确率就会越高。

　　汤米的学习能力真是太强了！现在它已经认识了电线杆、信号灯等物品，还能自己避开路上的各种障碍物！

　　第二天一早，奇奇就迫不及待地带着汤米来找博士："博士早上好！今天汤米要学些什么呢？"

　　博士想了想，问道：

你觉得它最需要什么技能呢？

奇奇想了想。

他和汤米一起认识了很多新的物品。

但是汤米不会说话，只能通过屏幕显示识别的
结果。

"我希望它可以和我说说话。"奇奇说。

"好的！我们今天的课程就是**语音的识别和生成！**"接着，博士先为汤米装上了语言模块，之后将汤米连接到电脑上，向汤米传输了很多声音文件。

"奇奇，我们来聊天吧。"一开口，汤米发出了和奇奇一样的声音。

这种感觉真奇怪，就像是自己在和**另一个自己**说话。

最后，奇奇帮助汤米选择了一个小男孩的声音。这样，会说话的汤米就像真的小伙伴一样了。奇奇迫不及待地和汤米聊了起来。

汤米，我最喜欢的书是《爱丽丝漫游奇境记》，你呢？

《耐丽丝漫游奇晶记》？

"不不不！是'爱'，不是'耐'；而且是'奇境'，不是'奇晶'。"奇奇像个小老师一样，很严肃地指出了汤米的问题。

"别着急，汤米还需要学习很多，才能识别得准确。"博士又向汤米的芯片里传输了大量的文本和语音。

不一会儿，汤米就可以正确识别奇奇念出的每一个词语了。

学习进度条 ⋯⋯⋯⋯10%

啊

阿嚏！！

啊

啊

最近的天气真是奇怪，明明上午还有暖暖的太阳，到了下午居然刮起了大风，温度一下就降了好几度。

唉，早知道就多带一件外套出门了。

奇奇心里这样想着，哆哆嗦嗦地带着汤米冲进了博士的实验室。

博士，我们来啦！

28

　　"外边很冷吧，快过来喝杯热茶，暖和一下。"气温突降，未来博士早早为奇奇准备了热茶和点心。

　　"博士，你能教汤米预测天气吗？这样它就可以提醒我啦。"奇奇说。

　　"好呀，那今天我们就来学习**预测任务**吧。"博士说。

博士拿出一颗小球攥在手里，然后翻转手心向下，问道："如果我现在松手，小球会怎么样？"

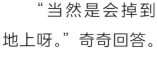

"当然是会掉到地上呀。"奇奇回答。

"没错，它不会飞起来，而是会向下落。"

博士接着说："这就是预测的第一个要点，未来需要符合我们已知的规律，也就是一个 **模型**。小球会向下落，是因为它的运动会遵循牛顿运动定律这个模型。不同的事情对应着不同的模型，比如，预测明天的天气和体育比赛的结果，就需要两个不同的模型。"

"有模型就可以了吗？"奇奇觉得事情没有这么简单。

"还不行，模型只是一个壳子，我们还需要一些**数据**来撑起这个壳子，比如小球的体积、重量、表面的光滑程度等。我们把这些数据输入到模型中，模型就能计算出小球掉落的整个轨迹，预测小球每一秒所在的位置。"博士进一步解释到。

"那汤米学会预测以后，可以帮我预测明天的考试题目吗？"奇奇突然想到，如果能提前知道考试题目，那自己岂不是每次都能考出好成绩了？

哈哈哈哈，想耍这种小聪明可不行，连汤米都要自己好好学习呢。

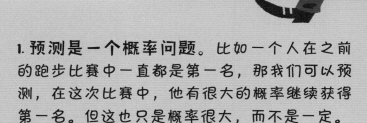

未来博士小课堂

有关预测的真相

1. 预测是一个概率问题。比如一个人在之前的跑步比赛中一直都是第一名，那我们可以预测，在这次比赛中，他有很大的概率继续获得第一名。但这也只是概率很大，而不是一定。

2. 预测需要修正。以天气预报为例，如果现在 100 千米外有一大片积雨云正朝着我们飘过来，那么我们可以预测，几个小时内会下雨。但是如果中途有一阵大风吹走了这片云呢？精确的预测需要对预测对象和它所处的环境进行实时监测，反复修改模型，才能获得理想的预测结果。

3. **不是所有的事情都可以预测。** 像明天的彩票中奖号码，这种随机的事情是无法被预测的。还有一些我们并没有掌握规律的事情，目前也没有办法预测。

"所以啊，奇奇，如果你想让汤米帮你预测明天的考试内容，它可能完全预测不准哟！" 博士耸了耸肩膀，表示自己无能为力，然后噼里啪啦地向汤米输入了很多模型。

"预测：明天是晴天吗？"

接受了模型代码的汤米在屏幕上显示出了明天的天气预报。

好吧，虽然不能知道明天的考试内容，但能知道明天可能的天气情况，这也很好了。

学习进度条 ·············20%

33

新的一天，距离上课还有 5 分钟，奇奇、汤米和未来博士正在闲聊。

> 汤米，今天晚上你可以跟我一起读《三国演义》吗？

> 对不起，我不知道该怎么回答这个问题。

汤米摇了摇头，看起来有点儿茫然。

"啊？这个你都不知道吗？"汤米的回答出乎了奇奇的预料。因为在奇奇看来，这个问题可比预测天气简单多了。

"博士啊，我有时候觉得汤米好厉害，可是有时候它连这么简单的问题都回答不上来。这是为什么呢？"奇奇不太理解。

"如果是我问你，今天晚上可以和我一起读《三国演义》吗，你会怎么回答呢？"未来博士并没有正面回答奇奇的问题，反而又将刚刚的问题抛向了奇奇。

我会怎么回答？

奇奇想了想，说："如果我能在 8 点前把作业写完，而且妈妈不给我布置任务，让我做什么别的事情，我就可以跟汤米一起看了呀。噢，对了，还得看看《三国演义》这本书在不在家里。"

　　"刚刚你提到的'如果怎么样，并且如果怎么样，那么就可以做什么事'，其实这是一个很高级的技能，叫作**'决策与推理'**。"未来博士说。

今天我们就教汤米来学学决策与推理吧。

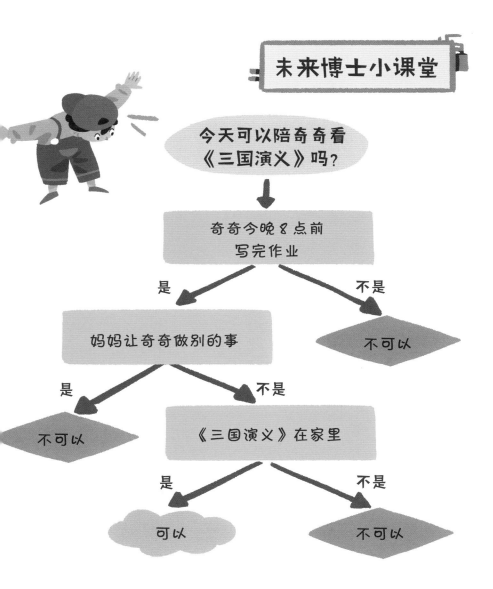

今天可以陪奇奇看《三国演义》吗?

奇奇今晚8点前写完作业

是   不是

妈妈让奇奇做别的事   不可以

是   不是

不可以   《三国演义》在家里

是   不是

可以   不可以

以奇奇的问题为例,以上就是汤米的决策过程,我们把它画成了一棵"决策树"。决策树从一个"根"出发,每一个分支都代表一种可能性。

"推理！像侦探一样吗？"奇奇兴奋地跳了起来。他平时就很喜欢看推理故事，可总是没有办法像故事里的侦探一样推理出事情的真相。

博士回答道："推理是一个复杂的思维过程，今天我们从最基础的**演绎推理**和**归纳推理**开始吧。至于能不能像侦探一样，就要看你们有没有好好理解这两种方法啦。"

演绎推理

归纳推理

"请听以下两句话。

第一句是：

'所有有生命的东西都是生物。'

第二句是：

'猫是具有生命的。'

请问，我们可以得出什么结论？"

我明白了。

"前提一：

奇奇所有的课外书都在家里。

前提二：

《三国演义》是奇奇的一本课外书。

所以，奇奇的《三国演义》一定在家里！"

汤米根据博士教的**演绎推理**，结合收集到的
数据，做出了自己的判断。

"很好。那我们再来看看这道题。"

请找出下面四个图形中不一样的那一个。

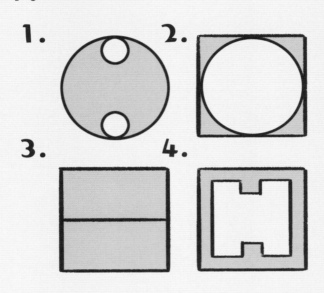

博士说着，给奇奇展示了四张不同的图片。

是第一个！

奇奇很快给出了答案："第一个图形的外轮廓是圆形，其他三个都是正方形。"

"汤米呢？"

未来博士转过头来询问汤米的答案，似乎已经预料到汤米会有不一样的回答。

对不起，我找不到这道题的正确答案。

让奇奇意外的是，汤米竟然选不出答案。

"这就是**归纳推理**，我向汤米输入了每一个形状对应的标签，汤米通过分类发现每一个形状都有不同于其他形状的地方，所以并不能确定唯一的答案。"

博士把他输入给
汤米的标签也展示给
奇奇看。

外轮廓为圆形	外轮廓为	外轮廓为	外轮廓为
可一笔画出	正方形	正方形	正方形
有镂空图案	可一笔画出	可一笔画出	需两笔画出
2条对称轴	有镂空图案	无镂空图案	有镂空图案
	4条对称轴	2条对称轴	2条对称轴

博士接着又问出了一个问题："如果现在让你
们随意画一个图形，与这四个图形都不同，你们会
画出什么样的图形呢？"

"一个不对称的图形。"汤米说。

"一个三角形。"奇奇说。

"很不错！你们现在都有成为一名侦探的潜质
了。"未来博士竖起大拇指称赞到。

学习进度 ⋯⋯⋯⋯40%

汤米已经学完了基础知识部分。从今天开始，汤米将要学习高级技能啦。

"博士，快把今天的数据拷贝给汤米吧，让汤米提前背背答案。"奇奇催促到。

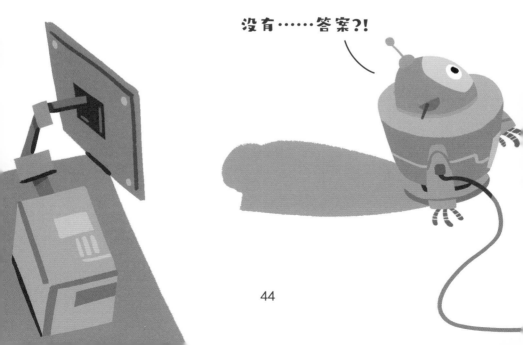

"今天的学习内容很不一样哟，"博士神秘地说，"今天只有数据，没有答案。"

"没有答案，那要学习什么呢？"汤米感到非常疑惑。

"还记得教汤米识别图像时，我给了汤米图片和对应的标签吗？这一次，我们不给标签，需要它自己找到分类的办法，汤米今天要学的就是学习方法——**无监督学习**。"

未来博士一边说，一边给汤米拷贝了新的数据。

　　"像之前归纳推理一样，先通过对比来给那些不认识的东西贴上标签，然后再分类，是吗？"奇奇问汤米。

　　"不太一样。其实，所有的事物在我的世界里都只不过是 0 和 1 的组合体。"汤米回答。

"我会把 0、1 排列相似度最高的组合连起来成为一组，再把相似度最高的两个组连起来形成新的组……直到所有事物都成为一个大组，我就完成了任务，这叫作**聚 类**。可是这些聚起来的类分别是什么含义，我自己也不知道。"

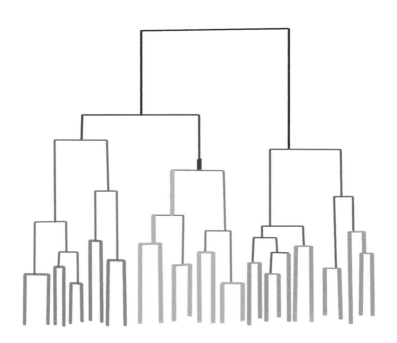

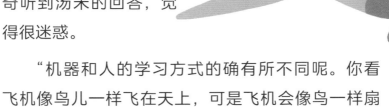

"博士，汤米的想法跟我的不太一样呢。"奇奇听到汤米的回答，觉得很迷惑。

"机器和人的学习方式的确有所不同呢。你看飞机像鸟儿一样飞在天上，可是飞机会像鸟一样扇动翅膀吗？"

想到飞机扑腾着翅膀在空中飞行的样子，奇奇觉得滑稽极了。

"所以机器的设计只是借鉴人和其他动物的部分特点，但是并不需要和生物一模一样。"博士说。

"这样看来，汤米的大脑无法像我的大脑一样运作……"奇奇似乎明白了，机器的思考方式和人类是没办法完全相同的。

"人类的大脑非常复杂，我们至今也不知道大脑是如何运作的，不过我可以把一些已经发现的学习原理教给汤米。"

看到奇奇有些失落，博士说。

未来博士小课堂

深度学习是一种基于很多层人工神经网络的学习。它的目标就是让机器人能够像人一样具有分析学习的能力。它的逻辑很简单，打个比方：
我们先在汤米的脑袋里铺设很多错综复杂的管路，然后在每一条管路上都安装一个开关，管路的出口放上标识着 A 和 B 的水杯，用来代表不同的事物。

转

我们先从管路的入口输入由一串 0 和 1 构成的信息水流 A。这一串水流会流进管路中，汤米需要通过调节每一个阀门的打开程度，让不同流量的水流通过，最后让大部分 A 水流能流进 A 水杯里。

这时候我们再输入 B 水流，通过控制开关，在保证大部分 A 水流能进入 A 水杯的前提下，让大部分 B 水流也能进入 B 水杯。

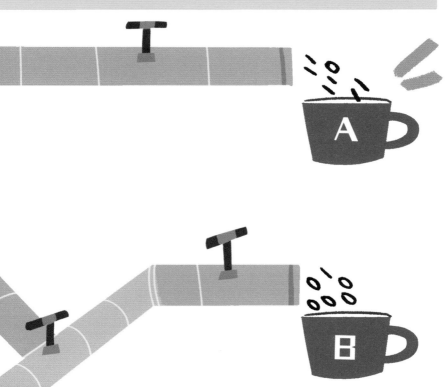

如果有很多很多这样的阀门一层层地叠加起来，反复调节这些阀门，就是深度学习。

掌握了调节阀门的方式后，我们再输入一串新的信息，只要看 A、B 两个水杯中哪个水杯的水更多，就可以知道这串信息是 A 还是 B 了。

"博士，汤米还可以更聪明吗？"

汤米现在已经可以自己学习博士拷贝的数据了，世界上新鲜的事物层出不穷，总不能让博士每时每刻都向汤米传输最新的数据吧。

"那我们来教汤米如何上网吧！首先，我们需要建立一个'网络爬虫'，用来**收集**网上的信息。

接着，把收集到的信息**储存**起来，建立一个**索引**，方便以后查找。"

博士打开了 Wi-Fi，让汤米连接了网络。

"现在你可以问汤米一个问题了。"博士说。

"汤米汤米，我想知道《西游记》里最厉害的角色是谁？"奇奇问。

汤米收到了奇奇的问题，开始在索引中进行查找："在《西游记》中，各个角色的武力值并没有明确的数值设定，因此对于武力值最高的前五名，可以有多种理解和排列。以下是一个可能的武力值排名前五的角色名单：

"孙悟空、如来佛祖、观音菩萨、菩提祖师、牛魔王。"

　　"啊？菩提祖师可是孙悟空的师父，孙悟空怎么可能比他还厉害啊？"奇奇觉得这个回答听起来很有问题。

　　"非常抱歉，我之前的回答确实有误。菩提祖师是孙悟空的师父，教授给他许多武功和神通，是更为高深的修行者和武学大师。"听了奇奇的反馈，汤米又在索引中进行了一次查找，发现自己之前的答案果然有问题。

　　"人工智能检索到的信息并不一定都是对的，但我们可以要求汤米继续改进。"博士解释到。

　　"我并不是无所不知的。尽管我学习了大量的知识，但并不能知道所有的事情。因此，我的回答不总是完全准确的。不过，你们的反馈会帮助我纠正错误，学到更多的知识，不断进化完善，所以欢迎你向我提问，我会尽力回答。"汤米说。

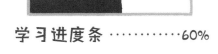

学习进度条 ············60%

新的一天又开始了，未来博士的课程还在继续，

但奇怪的是，
今天只有汤米自己来到了实验室。

"汤米，怎么今天只有你自己？"博士很惊讶。
往常，奇奇总是迫不及待地跟汤米一起上课，怎么
今天没有过来呢？

学校进行了期中考试，奇奇考砸了，他要在家复习功课。

汤米的灯闪了闪，按照奇奇教他的内容一字一句地回复了博士。

奇奇最近总是跟着汤米学习新的东西，但他没有汤米学得快，反倒把自己该做的功课都落下了。这次期中考试，奇奇的成绩倒退了好大一截，于是他默默下定决心，要好好补回自己落下的功课。

博士哈哈大笑："原来如此，那我们今天就学习**个性化服务**吧，这样你就可以帮奇奇找到不足，进行针对性复习。"

"请问什么是**个性化服务**？"汤米接收到了一个新名词。

"我考考你，你知道奇奇的家里人最喜欢喝的饮品分别是什么吗？"

"奇奇最喜欢喝可乐，他每天会提到可乐至少 8 次，不过奇奇妈妈不让他多喝；奇奇妈妈每天要喝 4 杯以上的白开水；奇奇爸爸最常喝的是茶。"汤米检索了自己的观察记录并回答。

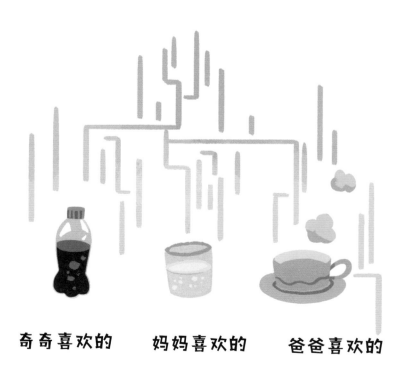

奇奇喜欢的　　妈妈喜欢的　　爸爸喜欢的

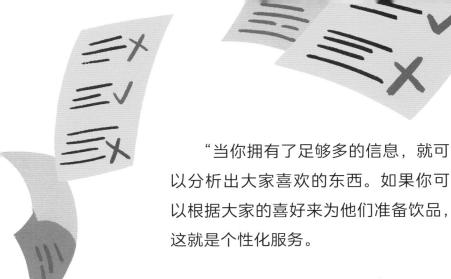

"当你拥有了足够多的信息，就可以分析出大家喜欢的东西。如果你可以根据大家的喜好来为他们准备饮品，这就是个性化服务。

"如果你收集了奇奇做错的大量习题，就可以分析出奇奇薄弱的知识模块。但是要注意分寸，不要让奇奇一直依赖你的这个功能，他也需要自己思考，找到应该补足的地方。"

博士提醒。

未来博士小课堂

博士的提醒：

请注意！
你已经被大数据包围了！

每当你打开一个软件，它都可能通过分析你之前的浏览记录，推荐你可能喜欢的东西，例如音乐、餐厅、电影、运动……这个时候，你会为大数据的"体贴"感到高兴吗？

快醒一醒！

想一想，只看自己想看到的那些内容，真的是一件好事吗？

身处大数据时代，保持自己的独立思考、接受世界的多样化，是一件很重要的事情。

学习进度 ············70%

转天，奇奇还在家里学习。看来奇奇这次真的下了很大的决心。所以，今天依然只有汤米自己来找未来博士。

　　"正好，奇奇快要过生日了，我们悄悄给奇奇准备一份生日礼物吧。"博士建议。

"根据数据分析的结果，奇奇之前看过很多和画画相关的视频和图书——

奇奇喜欢画画。"

汤米在高速运算中得出了结论。

　　"不如你画一幅画送给奇奇吧。"根据汤米的分析结果，博士提议。

　　"很抱歉，我不会画画。"汤米检索了自己搭载的所有芯片模块，发现自己并没有绘画的能力。

　　"这确实不太容易。你大概需要看几千万张图片，要深度学习很多天才行，"博士露出了略显为难的表情，"你愿意为了奇奇试一试吗？"

为了让汤米学会自己画画，博士新研制了一枚芯片，又重新编写了一整套代码，每天都向汤米的大脑里输入几千万张图片，让汤米能够自己从中找到规律，学会自己生成新图画。

经过好几天的训练，汤米的屏幕上终于出现了一幅新图画。画面上，一个机器人和一个小男孩正坐在一起快乐地读书，就像之前汤米和奇奇坐在一起读书那样。

"博士，这是我根据你的指令画出的图画。"

汤米立即把屏幕上的画展示给博士看。

"还不错呢！"博士看着这幅画，感到很满意，"你再试试写诗，我还为你添加了诗歌创作的功能。"在为汤米升级芯片的时候，博士还顺便将从古至今的各种诗歌和相关知识处理成数据，都输入到了汤米的芯片里。

在数据的海洋里，
我遇见了你，
带给我温暖的阳光。

虽然我是机器人，
但我的心已开启，
感受着友情的温度。

——汤米

汤米创作出了一首关于人类和机器人友谊的现代诗。从这首诗中，我们可以看到，机器人也可能感受到人类的爱，终有一天能够理解人类的情感。

博士对汤米的创作能力感到很满意，读来读去，觉得这首诗也很适合用来描写汤米和奇奇之间的友情，于是向汤米提议送给奇奇。

我们把这首诗和那幅画一起送给奇奇吧。

随着算法不断改进，人工智能可以自主生成文字和图画等内容，生成的作品甚至难以与人类的作品区别开来。

生成器

在这个过程中，生成对抗网络起到了重要的作用。这个网络就像两台具有深度学习功能的计算机在打比赛，一台专门负责生成（**生成器**），另一台专门负责识别（**鉴别器**）。

鉴别器

生成器要不断努力优化自己生成的作品，试图欺骗鉴别器；而鉴别器则要不断升级自己的鉴别能力，更精确地分辨机器人和人类的作品。两种模块不断对抗升级，就能产生更优秀的 AI 作品。

学习进度 ………… 90%

不知不觉，汤米已经完成了当初课程表上的大部分内容，博士说，今天汤米将在实验室里上最后一节课。

奇奇听博士说完，激动地振臂高呼。而汤米则乖巧地站在一旁，就像它来上第一堂课时那样。

"汤米！这可是最后一节课，你都不激动吗？"
奇奇拉住汤米的手，试图带动它一起兴奋起来。

什么是激动？

汤米平静地问道：

"我搜索到课文《最后一课》，在这篇课文中，最后一堂课对应的情绪是悲伤，是这样吗？"

"在第一节课上，我们给汤米看了很多图片，里面就有人类各种各样的情感。按道理来说，汤米目前是可以分辨人类情感的。"博士解释到。

"但是具体怎样才能产生情感，这也是人类一直在探索的问题。'情感'之所以是汤米在这里学习的最后一课，就是因为这一课目前汤米还学不好。也许很久以后，汤米才会慢慢领悟到。"

"没关系，博士，我会自己继续学习。"虽然汤米不知道博士为什么会感到有些遗憾，但是它依然根据自己的语言模块设定，对博士进行了"安慰"。

学习进度 ⋯⋯⋯⋯⋯95%

好了，既然所有的课程都学完了，我们来给汤米做一个小小的测试吧。

第一关，博士戴着口罩和帽子隐藏在人群中，汤米只看了一眼，就通过它强大的人脸识别功能，准确地找到了博士。

第二关，奇奇在热闹的街头背诵了一首古诗。汤米屏蔽了周围环境的声音，准确地识别出了古诗的内容，还发现奇奇背错了一个字。

第三关，预测未来一小时的天气。汤米通过观测气象云图过去 24 小时的轨迹，推测出一小时后会晴空万里。

嗯……这一关是否通过，还有待一小时后的验证。

第四关，博士把第五关的问题藏在了实验室里并留下了线索，汤米通过分析线索进行推理，很快就找到了被博士藏在电饭锅里的第五关谜题。博士真是太狡猾了。

第五关，博士出了十道题，分别与地理、历史、数学、物理等学科相关。通过网络检索，汤米找到了每道题的正确答案。

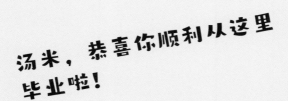

"汤米，恭喜你顺利从这里毕业啦！

博士和奇奇一起开心地宣布。

"不过，接下来还有第六关……

那就是**靠你自己去探索这个世界**！"

未来博士留给了汤米最后一关的谜题。

晚上，汤米和奇奇一起躺在草地上吹风。

"汤米，你真的好厉害。会不会有一天，你会觉得人类都是笨蛋，所以想要驱逐人类、统治世界呢？"想起今天刚看的科幻电影，奇奇有些担心地问。

"可是，为什么要统治世界呢？"汤米不懂。

"因为……你们觉得自己很强大？所以可以让人类为你们做事情？"其实奇奇也不知道，但是科幻电影里都是这么演的。

"那么，我们为什么不自己做呢？"

"那如果出现了一个很坏的机器人，想要征服人类、伤害人类呢？"

"那还会有很多很好的机器人阻止它呀。就像人类里也有坏人，但是也会有更多的好人，所以我们的世界还是很美好。"

会很美好吗？

说不好。毕竟连汤米这么聪明的机器人，都没有办法准确预测未来，未来还是掌握在我们自己的手里。也许，人和机器人可以一起创造一个更美好的未来。

致各位小读者：

过去未去，未来已来，你准备好迎接人工智能新时代了吗？

张　敏

致各位小读者：

你们已经站在未来的大门前，这本书就是你们探索未知的钥匙。打开未来之门，用你们的想象力和创造力，为这个世界增添无限可能吧！

简　晰

图书在版编目（CIP）数据

超能机器人去学校 / 张敏著；简晰绘. -- 北京：北京科学技术出版社，2024（2024重印）. -- ISBN 978-7-5714-4153-1

Ⅰ. TP18-49

中国国家版本馆 CIP 数据核字第 2024K0G278 号

策划编辑：	刘婧文　张文军
责任编辑：	刘婧文
图文制作：	天露霖文化
责任印制：	李　茗
出 版 人：	曾庆宇
出版发行：	北京科学技术出版社
社　　址：	北京西直门南大街 16 号
邮政编码：	100035
电　　话：	0086-10-66135495（总编室）
	0086-10-66113227（发行部）
网　　址：	www.bkydw.cn
印　　刷：	雅迪云印（天津）科技有限公司
开　　本：	889 mm × 1194 mm　1/32
字　　数：	32 千字
印　　张：	2.5
版　　次：	2024 年 11 月第 1 版
印　　次：	2024 年 12 月第 2 次印刷

ISBN 978-7-5714-4153-1

定　　价：36.00 元

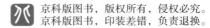

京科版图书，版权所有，侵权必究。
京科版图书，印装差错，负责退换。